小实验串起科学史（全20册）

从原子论到元素周期表

路虹剑 / 编著

 化学工业出版社

·北京·

图书在版编目（CIP）数据

小实验串起科学史．从原子论到元素周期表 / 路虹剑编著．—北京：化学工业出版社，2023.10
ISBN 978-7-122-43908-6

Ⅰ．①小… Ⅱ．①路… Ⅲ．①科学实验 - 青少年读物 Ⅳ．①N33-49

中国国家版本馆 CIP 数据核字（2023）第 137354 号

责任编辑：龚 娟 肖 冉
责任校对：宋 夏
装帧设计：王 婧
插 画：关 健

出版发行：化学工业出版社（北京市东城区青年湖南街 13 号 邮政编码 100011）
印 装：盛大（天津）印刷有限公司
710mm×1000mm 1/16 印张 40 字数 400 千字
2024 年 4 月北京第 1 版第 1 次印刷

购书咨询：010-64518888
售后服务：010-64518899
网 址：http://www.cip.com.cn
凡购买本书，如有缺损质量问题，本社销售中心负责调换。

定价：360.00 元（全 20 册）

作者序

在小小的实验里挖呀挖呀挖，挖出了一部科学史！

一个个小小的科学实验，好比一颗颗科学的火种，实验里奇妙、有趣的科学现象，能在瞬间激起孩子的好奇心和探索欲。但这些小实验并不是这套书的目的和重点，它们只是书中一连串探索的开始。

先动手做一个在家里就能完成的科学实验，激发孩子的好奇，自然而然地，孩子会问“为什么”，这时候告诉他这个实验的科学原理，是不是比直接灌输科学知识更能让孩子接受呢？

科学原理揭秘了，孩子的思绪就打开了，会继续追问：这是哪位聪明的科学家发现的？他是怎么发现的呢？利用这个科学发现，又有哪些科学发明呢？这些科学发明又有哪些应用呢？这一连串顺

理成章、自然而然的追问，是不是追问出一部小小的科学史？

你看《从惯性原理到人造卫星》这一册，先从一个有趣的硬币实验（实验还配有视频）开始，通过实验，能对经典物理学中的惯性有个直观的了解；紧接着通过生活中的一些常见现象来加深对惯性的理解，在大脑中建立起看得见摸得着的物理学概念。

接下来，更进一步，会走进科学历史的长河，看看是哪位伟大的科学家首先发现了惯性原理；惯性原理又是如何体现在宇宙中星体的运动里的；是谁第一个设计出来人造卫星，这和惯性有着怎样的关系；我国的第一颗人造卫星是什么时候发射升空的……

这套书共有 20 个分册，每一个分册都有一个核心主题，从古代人类文明，到今天的现代科技，内容跨越了几千年的历史，能读到伽利略、牛顿、法拉第、达尔文等超过 50 位伟大科学家的传奇经历，还能了解到火箭、卫星、无线电、抗生素等数十种改变人类进程的伟大发明的故事。

这套书涉及多个学科，可以引导孩子在无数的“问号”中深度思考，培养出科学精神、科学思维、科学素养。

目录

16

表面上看，我们所处的地球是由各种物质组成，例如岩石、水、金属、木材等，但从化学的角度来看，物质都是由元素组成。所谓元素，指的是同一类原子的总称，其原子核具有同样数量的质子。比如很多人都听说过的铁元素、钙元素、氧元素等。那么，历史上是谁最先发现的元素呢？让我们先从一个小实验开始说起吧。

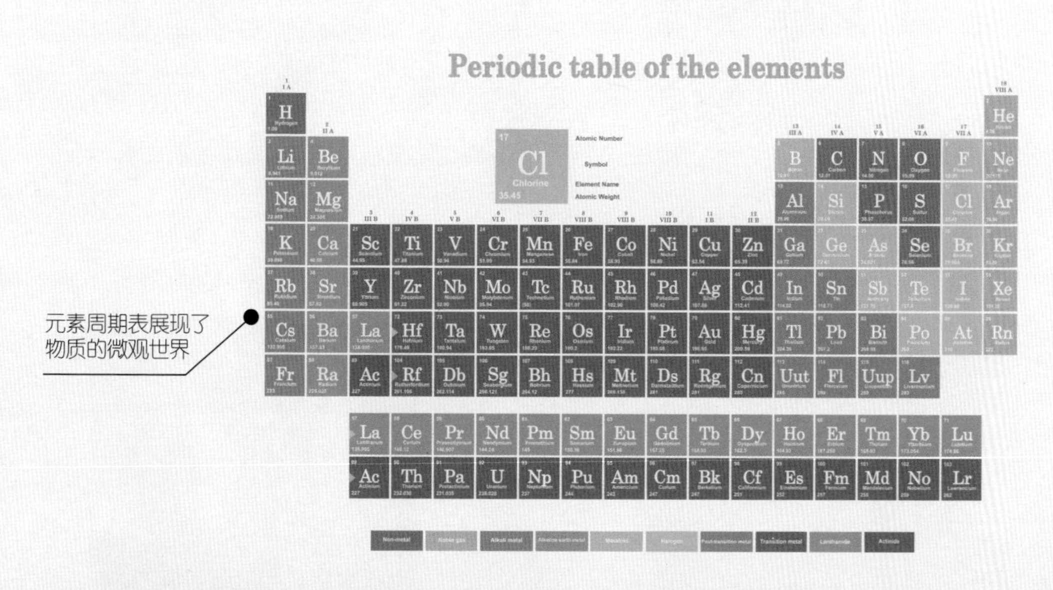

元素周期表展现了物质的微观世界

小实验：活泼的金属

在生活中，你肯定听过很多金属的名字，比如金、银、铜、铁等，但是你听说过金属钠吗？这可是一种特别“活泼”的金属。不信，就让我们做个实验吧。

扫码看实验

实验准备

酚酞指示剂、滴管、水、金属钠、护目镜、手套、镊子和烧杯。

实验步骤

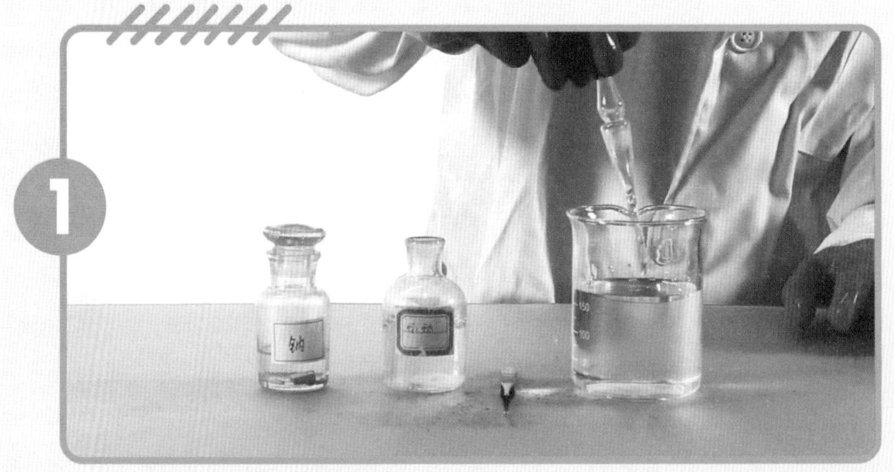

1 佩戴好护目镜和手套后，用滴管向装有水的烧杯内滴入几滴酚酞指示剂。

用镊子从煤油瓶里取出一小块金属钠，放入烧杯中，然后观察出现的现象。

你看到了吗？烧杯中有白色的烟冒出，溶液中出现了红色，金属钠在水里四处游动，十分活泼。这是怎么回事儿呢？

实验背后的科学原理

钠是一种活泼金属，与水接触会发生剧烈反应。钠放入水中后，浮在水面上，这是因为它的密度比水小；钠与水反应时放热，而钠本身熔点较低，因而钠受热熔成小球，在表面张力和重力的共同作用下变成光滑的扁球形；钠在水中四处游动，与水反应产生氢气，推动它在水中无规则运动；钠与水反应剧烈，发出“滋滋”的响声，反应生成碱性的氢氧化钠，使酚酞指示剂变红。

为什么用煤油保存金属钠？

我们通常看见的钠都保存在煤油中，这是因为钠极易氧化并与水发生剧烈反应，在空气中氧化会变为暗灰色，与水反应生成氢氧化钠。

钠（Na）元素在周期表中位于第 3 周期，属于碱金属元素（第 IA 族），是碱金属元素的代表，为银白色立方体结构，又软又轻，可以直接用小刀切割，切割面具有银白色光泽。

截至 2012 年，人类发现的元素共有 118 种，有 94 种存在于地球上，其中约有八成为金属元素，剩下的是非金属元素，位于二者分界线附近的是硼、硅、锗和砷等有金属性质，但是被称作半金属的元素。它们大多具有半导体的性质。其实在古代，人类对元素就已经有了自己的理解。

元素思想的起源

元素思想的起源很早，古巴比伦人和古埃及人曾经把水，后来又加上空气和土，看成是世界的主要组成元素，形成了三元素说。而古代的印度人有四大种学说，古代中国人有五行学说（金、木、水、火、土）。

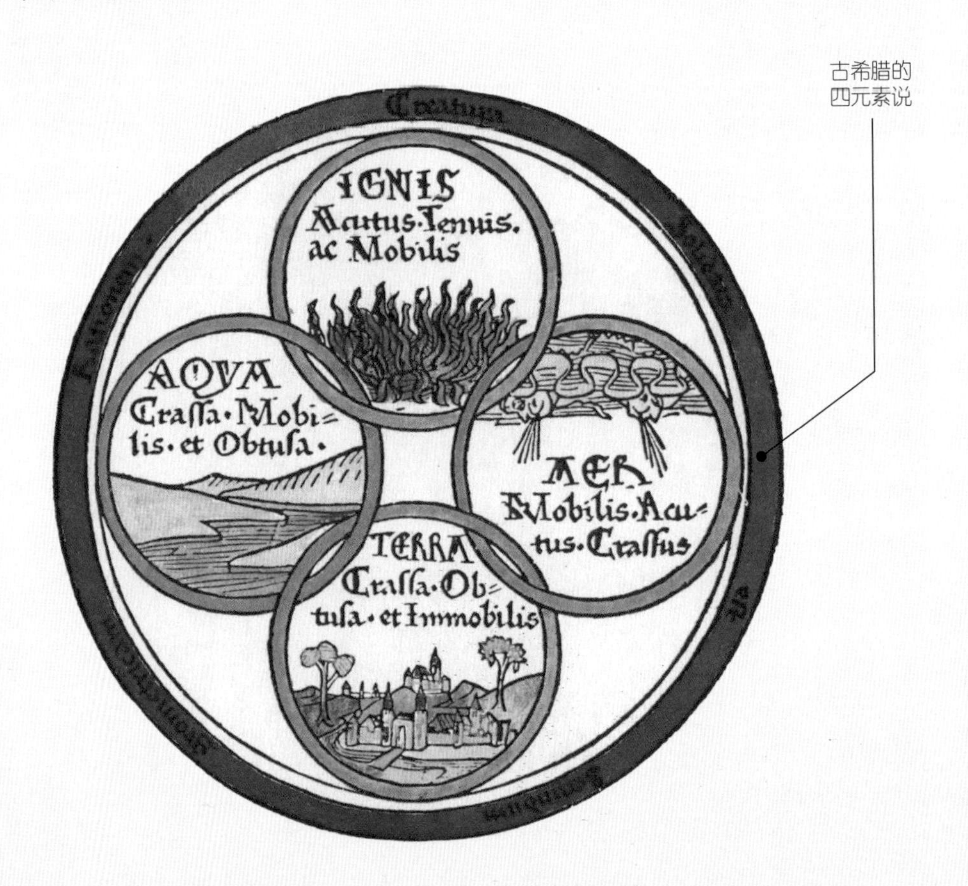

古希腊的四元素说

而古希腊时期颇为流行的是一种四元素说的思想，将万物的本原设定为火、气、水和土这四种物质。例如当时的哲学家恩培多克勒（公元前 495—公元前 435）就主张“如同画家混合颜料一样，通过将这四种颜色混合便能够创造出自然界的一切”。

古希腊哲学家
德谟克里特

而在同一时期，古希腊哲学家德谟克里特（公元前 460—公元前 370）提出了朴素原子论和虚空说。所谓虚空，其实和现在我们说到的真空相似。德谟克里特认为，世间万物的本原是无数的粒子，每一颗粒子都无法继续分割，希腊语中，就把这种“不可分割的物质”命名为原子。

根据德谟克里特的观点，万物都是由原子相互组合构成的，火、气、水和土也不例外，只要改变原子的排列组合方式，就可以构成不同种类的新物质。

两位古希腊哲学家——德谟克里特和赫拉克利特正在探讨

德谟克里特的朴素原子论虽然和现代的化学有很多截然不同的地方，但是他的思想是极为超前的。他甚至认为人的身体也是由原子构成，如果这些原子分离，人的灵魂也会不复存在。这一主张被当时的政治阶层认为是蔑视神灵，因此德谟克里特的著作被全部烧毁。

德谟克里特去世之后，另一位古希腊的哲学家——亚里士多德成长了起来，他改进了四元素说，提出元素是第一物质的说法，认为元素以火、气、水、土这四种形式存在，通过热、冷、干、湿这四种性质的组合，互相转化。

作为哲学家柏拉图（公元前 427—公元前 347）的学生，亚里士多德同样也是博学多才，并深受当时亚历山大大帝的推崇，于是他的理论被当时的人们视为真理。甚至在他死后，他的思想依然影响着后世的人们。

书桌旁的亚里士多德

从炼金术到第一种元素的发现

从古希腊时期起，炼金术开始变得繁荣起来。所谓炼金术，通常指的是将便宜的金属通过化学方法，冶炼成为黄金等贵重的金属，这在古代社会是非常热门的一种行业，甚至流行了两千年之久。

18 世纪初依然在忙碌的炼金术士

16

在古代的欧洲，有很多的人从事“炼金”的行业，他们也被称为炼金术士，希望寻找到一种方法能“变废为宝”。

公元前 332 年，亚历山大大帝占领了埃及，在尼罗河的河口处建立了亚历山大城并将其作为首都，这个亚历山大城被认为是炼金术的发祥地。

亚历山大城是当时世界上最大的城市之一，也是世界文化的中心，这里已流行有各种各样的化学制造技术，如染色、制造玻璃、制作彩釉陶器、冶金等。包括炼金术在内的很多方法，都受到了亚里士多德的四元素说影响，在他们看来：元素的性质可以改变，普通的金属也可以变成金子。

一位老师正在向
学生传授炼金术

炼金术士们的炼金用具

现在我们都知道，如果金属中没有金元素，是无法冶炼出黄金的。但炼金术的繁荣，对于化学的发展起到了非常重要的促进作用。比如历史上第一种有记载的元素发现，就是来自一位炼金术士——亨尼格·布兰德（1630—1692）。

布兰德是一个德国商人，据历史记载，他一直试图找到把廉价金属变成黄金的方法，但正如我们知道的那样，他肯定是不会成功的。但在 1669 年或者更晚些时候，布兰德通过隔绝空气来加热人类的尿液，产生了一种发光的白色物质，他称之为“冷光”。

布兰德发现了第一种化学元素——磷

其实布兰德发现的是磷元素，但他没有立即发表他的发现。直到 1680 年，英国化学家罗伯特·波义耳（1627—1691）重新发现了磷。在波义耳发表了自己的研究成果后，布兰德才将自己的发现公之于众，这样让他的名字出现在了化学史上——他是人类历史上第一个通过化学实验发现元素的人。

波义耳是第一个科学定义元素的人

磷的发现引发了一个问题：什么是物质？ 1661 年，波义耳在实验研究和观察的基础上，出版了代表著作《怀疑派的化学家》，他是这样描述元素的“现在我把元素理解为那些原始的和简单的或者完全未混合的物质。这些物质不是由其他物质所构成，也不是相互形成的，而是直接构成物体的组成成分，而它们进入物体后最终也会分解。”

接下来，在 1732 年，瑞典化学家乔治·勃兰特（1694—1768）发现了第二种化学元素钴；1735 年，一位西班牙将军、探险家安东尼奥·乌略亚（1716—1795）发现并提取了化学元素铂；1751 年，瑞典化学家、矿物学家阿克塞尔·弗雷德里克·克龙斯泰特（1722—1765）从矿石中发现并提取到了镍元素……

道尔顿和原子论的提出

1789年，法国化学家安托万·洛朗·拉瓦锡出版了《化学基础论》，被认为是第一本现代化学教科书。在这本书中，他将元素定义为：一种最小单位不能被分解成更简单的物质。

拉瓦锡在书中举出了33种元素，其中包括氧、氮、氢、磷、汞、锌和硫等，它们构成了现代元素周期表的基础。

现代化学的开山鼻祖——拉瓦锡

不过拉瓦锡列出的元素中，也包括苦土（氧化镁）、石灰（氧化钙）等一些化合物，并且错误地将“热”和“光”定义为两种元素。事实上，拉瓦锡一直秉持着一种错误的认识，他一直坚信：“氧气是氧和热构成的化合物。”后来的物理学家才阐明“热”和“光”并非化学元素。

19 世纪初，英国化学家、物理学家约翰·道尔顿（1766—1844）创立了化学中的原子学说，并着手测定原子量。化学元素的概念开始和物质组成的原子量联系起来，使每一种元素成为具有一定（质）量的同类原子。

道尔顿提出了原子论

道尔顿人生的一多半时间，是在小型补习班当老师。而作为“能量守恒定律”提出者之一的著名物理学家詹姆斯·普雷斯科特·焦耳(1818—1889)，就是道尔顿的学生。道尔顿独自一人度过了一生，一辈子都过着朴素的生活。他自己制作气象观测工具，每天记录气压和气温，坚持记录了 56 年之久。

1803 年，道尔顿提出了原子论，他认为：化学元素由不可分的微粒——原子构成，原子在一切化学变化中是不可再分的最小单位；同种元素的原子性质和质量都相同，不同元素原子的性质和质量各不相同，原子质量是元素基本特征之一；化学变化说到底就是原子组合的变化。

道尔顿的原子论揭示出了一切化学现象的本质是原子运动，明确了化学的研究对象，对化学真正成为一门学科具有重要意义。不过，道尔顿虽然提出了原子量表，但是并没能正确计算出原子量。道尔顿著有代表作品《化学哲学的新体系》，并开始用符号来代表化学元素。

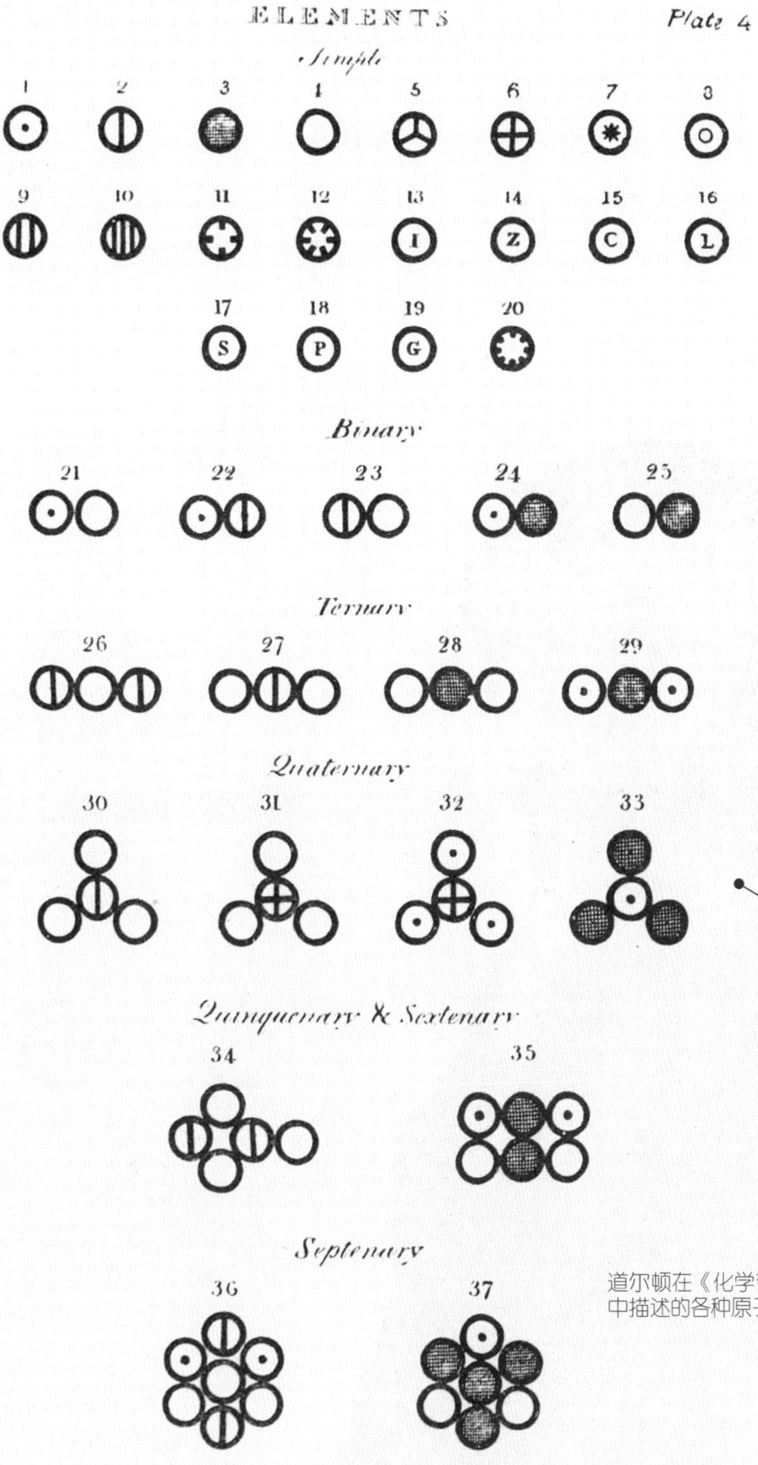
ELEMENTS
Plate 4
Simple
1 2 3 4 5 6 7 8
9 10 11 12 13 14 15 16
I
Z
C
L
17 18 19 20
S
P
G
Binary
21 22 23 24 25
Ternary
26 27 28 29
Quaternary
30 31 32 33
Quinquenary & Sextenary
34 35
Septenary
36 37

道尔顿在《化学哲学的新体系》中描述的各种原子和分子

直到 1811 年，意大利物理学家、化学家阿莫迪欧 · 阿伏伽德罗（1776—1856）发表了阿伏伽德罗假说，提出了分子的概念，将道尔顿的原子说往前推进了一大步。

阿伏伽德罗假说指出原子是参加化学反应的最小粒子，分子是能独立存在的最小粒子。单质的分子是由相同元素的原子组成的，化合物的分子则由不同元素的原子所组成。阿伏伽德罗还详细研究了测定分子量和原子量的方法。

此后，人们开始认为：“分子是原子相结合构成的物质的基本构成单位。”比如，氧气 O_2、氢气 H_2、氮气 N_2、氯气 Cl_2 等，都是由两个原子组成的分子构成的。二氧化碳 CO_2 是由一个碳原子和两个氧原子，水 H_2O 是由两个氢原子和一个氧原子组成的分子构成的。

元素的“身份证”

原子是构成物质的基本单位，现代的原子模型研究发现，原子是由原子核以及核外电子组成，而原子核是由中子和质子组成。

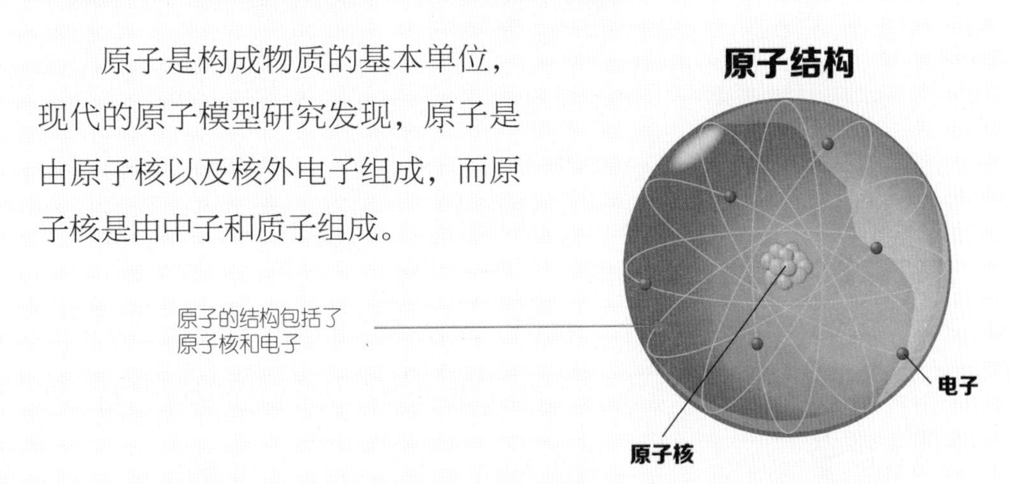

化学上常说的元素，指的就是具有相同核电荷数（或质子数）的一类原子的总称。我们需要注意的是，同一种元素的原子核内，质子数是相同的，但中子数可能是不同的。

用元素来标示物质，就如我们用身份证来表明身份一样，但是元素是怎样来表示呢？会不会如身份证一样，有一串的数字或者头像呢？

元素没有数字，也没有头像，但是有元素符号，元素符号就是用来表示元素的化学符号，通常是用元素的拉丁文名称的第一个字母来表示，如碳的拉丁文名称为 carbonium，因此我们就用第一个拉丁字母的大写 C 来表示碳。

但是毕竟拉丁字母有限，只有 26 个，而元素有上百个，因此，如果元素的第一个字母和其他元素相同的话，一般就用两个字母来表示，如元素铜的拉丁文名称为 cuprum，我们就用 Cu 来表示铜元素，第一个字母大写，第二个字母小写。

一般而言，我们用元素符号就能标示物质：单质铜，我们就用 Cu 来表示；化合物氧化铜，我们就用 CuO 来表示；更复杂的化合物如硫酸铜，我们就用 $CuSO_4$ 来表示。

怎么来标示同位素呢？我们一般就在相同的元素的左上方再加上一些数字，如 ^{12}C、^{13}C 等。这个数字代表元素的质子数和中子数之和。

地壳中含量较多的元素前四位为：氧、硅、铝、铁。开动你的脑筋想想，为什么是这四种元素在地壳中最多呢？

是谁建立了化学元素周期表？

1869 年，俄国化学家德米特里 · 伊万诺维奇 · 门捷列夫（1834—1907）制作了世界上第一张化学元素周期表，并据以预见了一些尚未发现的元素。

门捷列夫是一位非常传奇的科学家。1834 年，他出生于西伯利亚托博尔斯克的一个村子里，是兄弟姐妹中最小的一个。门捷列夫的父亲是一位老师，母亲家有一个废弃的玻璃厂。13 岁那年，门捷列夫的父亲去世，母亲家的工厂被大火烧毁，当时门捷列夫就读于托博尔斯克的文科中学。

元素周期表的创建者门捷列夫

为了让孩子能够进入大学学习，1849 年，门捷列夫的母亲带着他从西伯利亚来到莫斯科，想让门捷列夫进入莫斯科大学。但莫斯科大学没有录取他，母子俩只好前往圣彼得堡。

门捷列夫设计的称重装置

1850 年，门捷列夫进入圣彼得堡师范学院学习化学，1855 年取得教师资格，并获金质奖章。1856 年，门捷列夫获化学高等学位，并于 1857 年获得大学职位，任圣彼得堡国立大学副教授。1866 年，门捷列夫担任圣彼得堡大学普通化学教授，开始一边教学一边研究。

在成为化学教授之后，门捷列夫于 1867 年开始编写《化学原理》一书，并于 1869 年出版，成为当时最权威的化学教科书。在那段时期，他有了更为重要的发现——当他试图根据化学性质对化学元素进行分类时，他发现了一些规律。据说门捷列夫在笔记中写道：

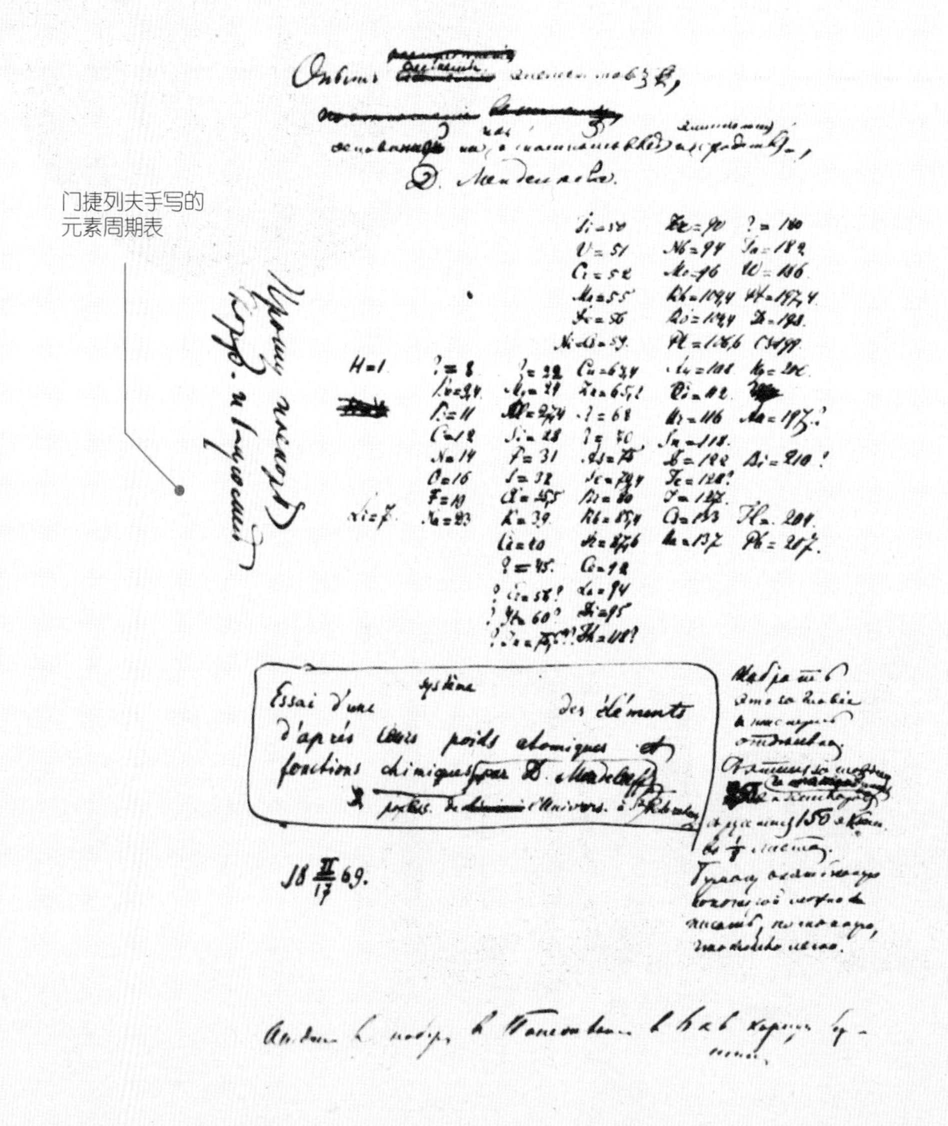

门捷列夫手写的元素周期表

我在梦中看到一张表格，里面所有的元素都按要求就位了。醒来后，我立刻把它写在一张纸上，只有一个地方后来似乎需要修改。

1869 年 3 月，门捷列夫在俄国化学会上发表了一篇名为《元素的属性与原子量的关系》的论文，该论文根据原子量（现在称为相对原子质量）来描述元素。这个报告表明这些元素，如果按照它们的原子量排列，则表现出明显的周期性特性。

Reihen	Gruppo I. — R^2O	Gruppo II. — RO	Gruppo III. — R^2O^3	Gruppo IV. RH^4 RO^2	Gruppo V. RH^3 R^2O^5	Gruppo VI. RH^2 RO^3	Gruppo VII. RH R^2O^7	Gruppo VIII. — RO^4
1	H=1							
2	Li=7	Be=9,4	B=11	C=12	N=14	O=16	F=19	
3	Na=23	Mg=24	Al=27,3	Si=28	P=31	S=32	Cl=35,5	
4	K=39	Ca=40	—=44	Ti=48	V=51	Cr=52	Mn=55	Fe=56, Co=59, Ni=59, Cu=63.
5	(Cu=63)	Zn=65	—=68	—=72	As=75	Se=78	Br=80	
6	Rb=85	Sr=87	?Yt=88	Zr=90	Nb=94	Mo=96	—=100	Ru=104, Rh=104, Pd=106, Ag=108.
7	(Ag=108)	Cd=112	In=113	Sn=118	Sb=122	Te=125	J=127	
8	Cs=133	Ba=137	?Di=138	?Ce=140	—	—	—	— — — —
9	(—)	—	—	—	—	—	—	
10	—	—	?Er=178	?La=180	Ta=182	W=184	—	Os=195, Ir=197, Pt=198, Au=199.
11	(Au=199)	Hg=200	Tl=204	Pb=207	Bi=208	—	—	
12	—	—	—	Th=231	—	U=240	—	— — — —

1871 年门捷列夫的元素周期表

据此，门捷列夫编制出第一张元素周期表，共包含当时已发现的 63 种元素。这张元素周期表揭示了化学元素之间的内在联系，使其构成了一个完整的体系，成为化学发展史上的重要里程碑之一。利用元素周期表，门捷列夫成功地预测出当时尚未发现的元素的特性（如镓、钪、锗等）。

化学元素周期表能够准确地预测各种元素的特性及其之间的关系，因此它在化学及其他科学范畴中被广泛使用，是分析化学行为时十分有用的框架和参考。

到 1871 年，门捷列夫凭借自己的影响力，已经把圣彼得堡变成了一个国际公认的化学研究中心。1878 年，门捷列夫和俄国生理学家伊万·彼得罗维奇·巴甫洛夫（1849—1936）一同创办了世界著名的研究型大学——沙皇俄国托木斯克帝国大学（现托木斯克国立大学）。

63 岁时的门捷列夫

1907 年 2 月 2 日，门捷列夫因为心脏病而与世长辞。我们今天所看到的化学书上的元素周期表，就是后人在他研究的基础上不断完善的结果。

门捷列夫 175 年周年诞辰纪念邮票

有人称赞门捷列夫是天才，但门捷列夫却说："没有加倍的勤奋，就既没有才能，也没有天才。"

你知道吗？化学元素周期表中的钔元素（Md），就是为了纪念门捷列夫而命名的。钔元素的原子序数为 101，是一种人工合成的超铀元素。

生命离不开元素

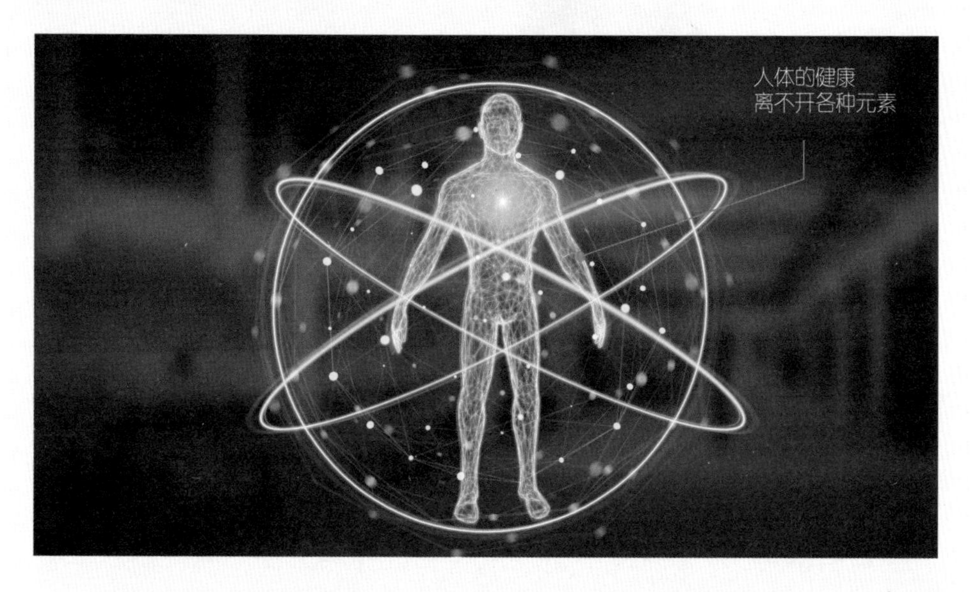

如果从个体的角度来说，我们人类看起来与微观的化学元素没有什么关系，但是我们经常会听医生说要注意补给各种化学元素，我们生命体为什么离不开各种化学元素呢？

其实，人类的身体就是各种化学元素所组成的。生命体内含量最多的物质是水，水就是由氢元素和氧元素组成的，当没有足够的氧元素和氢元素时，自然就不会有我们生命体必需的水了。

除了水之外，人体内其他重要的物质如糖类、脂肪类、蛋白质类和核酸类都是由碳、氢、氧、氮、磷等元素组成的。我们也可以将碳、氢、氧、氮、磷称为生命中的主量元素。

除了主量元素外，还有很多的微量元素也对人体有重要影响。当缺少某些微量元素，我们就会患上疾病，我们称之为必要的微量元素，其他则为非必要微量元素。这些微量元素虽然含量小，但作用却很大，当它们含量过大或者不足，或者不处于一种动态的平衡时，人体就有可能不舒服甚至患上疾病。

到目前为止，已被确认与人体健康和生命有关的必需微量元素有 18 种，具体为铁、铜、锌、钴、锰、铬、硒、碘、镍、氟、钼、钒、锡、硅、锶、硼、铷、砷。

其实关于生命体的起源，应该是从元素开始的，从最简单的元素开始，再到组成一些复杂的元素，最终进化到人类这么一个复杂的“元素机器”。

总之，生命离不开各种化学元素，不光人是如此，动植物亦是如此。

留给你的思考题

1. 在实验中，我们了解到了钠元素的特性，你还知道哪些化学元素呢？看看你能说出几个来？

2. 我们身体的健康离不开一些微量元素，你可以查阅资料，看看微量元素对我们的健康都有哪些帮助？